インプレス R&D ［NextPublishing］ 技術の泉 SERIES
E-Book / Print Book

OpenLayers 4 で遊ぼう

佐藤 奈々子 著

無料の
地図データを
Webに表示！

Webに無料で地図を掲載できる！
経路やエリア表示の方法も解説

impress
R&D
An impress
Group Company

JN206558

目次

まえがき ··· 4
ソースコード ··· 4
表記関係について ·· 4
免責事項 ·· 4
底本について ··· 4

第1章　OpenLayers4について ································· 6

第2章　OpenLayers4で地図を表示してみよう ············ 8
HTML ·· 9
JavaScript ·· 9
　　　（1）target ·· 9
　　　（2）layers ·· 9
　　　（3）ol.source.OSM ·· 10
　　　（4）center ·· 10
　　　（5）zoom ··· 10
デバッグモード ·· 11
地図タイルの仕組み ·· 11

第3章　OpenLayers4で地図上にマーカーを表示してみよう ··· 14
地理情報のオブジェクトを作成 ··································· 15
マーカーの見た目の設定 ·· 15
レイヤーを作成してマップに追加する ·························· 15
　　　　レイヤー ··· 16

第4章　ポリラインを表示してみよう ························ 18
（1）ジオメトリの作成 ·· 20
（2）地物オブジェクトの作成 ····································· 20
（3）レイヤーの作成 ··· 20

第5章　地図を扱うのに役立つ知識 ···························· 22
投影法 ·· 22
Webメルカトル ··· 25
地理座標系と投影座標系 ·· 26
測地系 ·· 26

EPSG……………………………………………………………………………27

第6章　ポリゴンを表示してみよう ………………………………………29
　　ポリゴンの表示 ……………………………………………………………31

第7章　イベントのハンドリングをしてみよう …………………………32
　　移動イベント ………………………………………………………………32
　　　　（1）movestart ………………………………………………………34
　　　　（2）moveend …………………………………………………………34
　　クリックイベント …………………………………………………………34

第8章　地図上にポップアップを表示する ………………………………41
　　オーバーレイ ………………………………………………………………41

第9章　地図を使ったサービス ……………………………………………46
　　広い範囲のポリゴン ………………………………………………………49
　　　　KMLとは ……………………………………………………………50
　　　　装飾 ……………………………………………………………………53
　　　　地理情報 ………………………………………………………………53

第10章　無料で使えるGIS情報 ……………………………………………55
　　国土地理院コンテンツの利用 ……………………………………………55
　　GoogleMapsAPIの利用 ……………………………………………………56

　あとがき ……………………………………………………………………58

　著者紹介 ……………………………………………………………………59

まえがき

　本書ではOpenLayers4を使用してWeb上で地図を表示する方法をいくつかご紹介します。内容は入門レベルとなっており、Web地図やJavaScriptの深い知識は必要ありません。サンプルのコードをたくさん載せましたので、これを使用してWeb上で地図を動かす楽しさを体験していただければと思います。

　途中、地図を動かすだけではなく、Web地図を使用していくためのちょっとした基礎知識などを掲載しました。私がOpenLayers4を使用していて気になったことや、勉強になったことを主に書いています。気になる方は目を通してみてください。Web地図を利用するアイディアが浮かんでくる助けになれば良いなと思います。

　Web地図を利用した開発を行う際に、OpenLayers4がもっと選ばれるようになると嬉しいです。

ソースコード

　本書に掲載されたソースコードは以下のURLで公開しています。また問い合わせなどは筆者のTwitterアカウント：@honhotate までおねがいします。

https://github.com/okg75/OpenLayers4

表記関係について

　本書に記載されている会社名、製品名などは、一般に各社の登録商標または商標、商品名です。会社名、製品名については、本文中では©、®、™マークなどは表示していません。

免責事項

　本書に記載された内容は、情報の提供のみを目的としています。したがって、本書を用いた開発、製作、運用は、必ずご自身の責任と判断によって行ってください。これらの情報による開発、製作、運用の結果について、著者はいかなる責任も負いません。

底本について

　本書籍は、技術系同人誌即売会「技術書典3」で頒布されたものを底本としています。

第1章 OpenLayers4について

　OpenLayers4はWeb上で地図を表示するためのJavaScript製ライブラリです。OpenLayers4を使うことによって、地図の表示やイベントなどを簡単に操作することが可能です。BSD 2-Clause Licenseとなっているため、クローズドなアプリに組み込んだりなど、商用アプリでの利用・配布も行うことができます。

　以前のバージョンであるOpenLayers2の時代ではパソコン上でのWebブラウザのみ対応していたようですが、OpenLayers3ではモバイルでの操作にも対応し、より近年のニーズにあった地図アプリ開発を行いやすくなっています。

　そして2017年2月にOpenLayers4がリリースされました。本書ではこのOpenLayers4をちょっと動かして遊んでみる方法を紹介します。

- 本書の地図画像はOpenStreetMapのものを使用しています。（利用規約：http://www.openstreetmap.org/copyright/en）
- 本書の地図機能は全てOpenLayers4を使用しています。（https://openlayers.org）

　地図を表示するためのライブラリといえば、Google Maps APIが有名ですが、Google Maps APIの標準版には次のような制限があります。（2017年10月時点）

- マップのロード回数が1日25000回以上になる場合は有料
- 無料で一般公開するサービスのみ使用可能
- 社内アプリや有料会員のみ利用できるようなクローズドなアプリでの利用不可

　OpenLayersでは上記のような制限がないため、社内サービスや有料会員サービスで地図を利用したいが予算がない！なんていうときには利用を検討してみるとよいでしょう。

　OpenLayersがデフォルトで使用している地図画像は、OpenStreetMapです。こちらもオープンデータの地図情報で、誰でも利用・編集（！）することが可能で、今も更新され続けています。私も、本書を見ているみなさんも地図を編集することができるのです！（編集をするためにログインが必要なので登録が必要です。）

　OpenStreetMapは無料で使用することができますが、ヘビーユースすると遮断されることがあるようです。タイルが配置されているタイルサーバは寄付で運営されているため、運用は厳しく制限されているのです。

また、メンテナンス等も有志で行われているため、使用できない時間帯が発生することもあります。

　OpenStreetMapは一般の有志の人たちが更新・編集を行っているため、地図が若干実際の地形と異なっていたり、国境が曖昧であったり、地域によって情報が少なめだったりすることが欠点です。そのため防災などの人命に関わるサービス等には使用することは避け、有料の地図データを使用した方がよいこともあるでしょう。

　OpenStreetMapのことを調べていたら、地図を作るためのお散歩イベントなどが開催されているのも見つけました。ちょっと気になる……。

第2章　OpenLayers4で地図を表示してみよう

　まずは地図を表示するだけのコードを書いてみましょう！
ここではHTMLとJavaScriptを使用します。

リスト2.1

```
<!doctype html>
<html lang='ja'>

<head>
    <meta charset='utf-8' />
    <link rel="stylesheet" href="https://openlayers.org/en/v4.3.3/css/ol.css"
        type="text/css">
    <script src="https://openlayers.org/en/v4.3.3/build/ol.js"></script>
    <script src='sample1.js' type='text/javascript'></script>
    <style>
        #map {
            width: 600px;
            height: 400px;
        }
    </style>
</head>

<body onload='loadMap();'>
    <div id='map'></div>
</body>

</html>
```

リスト2.2

```
var __map;
function loadMap() {

    // マップの作成
    __map = new ol.Map({
```

```
            target: 'map', // (1)
            layers: [ // (2)
                new ol.layer.Tile({
                    source: new ol.source.OSM() // (3)
                })
            ],
            view: new ol.View({
                center: ol.proj.fromLonLat([139.745433,35.658581]), // (4)
                zoom: 16 // (5)
            })
        });
    }
```

順番にこれらのコードがどのようなことをしているか見てみましょう。

HTML

　まずHTML側では、OpenLayers4を使用するためにcssとJavaScriptを読み込んでいます。本書ではOpenLayers4で用意されているURLを使用してインポートしていますが、ダウンロードして使用することも可能です。インターネットが使えない状況でもフレームワークを使用したい場合などには、ダウンロードしてローカルのプロジェクトに含めて利用します。

　本書のサンプルで使用しているOpenStreetMapの地図タイル画像はインターネット経由で取得する必要があるため、オフラインでは地図が表示されませんので注意してください。

　onloadで画面の読み込みが完了した後、HTMLで定義したdivタグの「map」に対して地図を表示するための準備を行っています。ol.Mapクラスで基本の地図オブジェクトを作成します。

JavaScript

　画面の読み込みが完了したあと、loadMap()関数が呼ばれて、その中でグローバルな変数__mapにマップのオブジェクトを作っていきます。ol.Mapクラスを初期化するとき、プロパティを一緒に渡していますので、順に説明していきます。

（1）target

　HTMLで作成したdivタグの「map」を指定します。地図をここに表示するので、表示する大きさや位置などはこのdivタグに対して設定するとよいでしょう。

（2）layers

　地図タイルをはじめ、後述するマーカー、ポリゴンなどは、レイヤーを使用して表示します。

「タイル」とは地図の画像を表示しているものです。先ほどから何度も出てくる地図タイルですが、今のところはそのようなものがあるのだなあ、と思っていただければ大丈夫です。今回の例ではとりあえず表示するだけですので、layersに指定している配列にol.layers.Tileというレイヤー1枚だけが追加されています。

（3）ol.source.OSM

これが本書で今後たくさん使うこととなる、OpenStreetMapを表示するための地図オブジェクトです。レイヤーに表示する画像を取得します。

（4）center

地図の中央に表示する緯度経度を指定します。今回のサンプルでは東京タワーを指定しました。

（5）zoom

ズームレベルを指定します。OpenStreetMapのズームレベルは0〜19です。数値が大きいほどズームインした状態です。

この状態でHTMLをブラウザで開いてみましょう。地図が表示できましたか？

地図の左上に表示されているのは地図のズームレベルを切り替えるためのコントロールです。また右下に表示されている「i」のマークはクリックするとCopyrightなどを表示することができます。これらの表示はデフォルトで、コードを書くことによってカスタマイズすることができます。

図2.1: 地図を表示した状態

デバッグモード

　リリース用に使用されているOpenLayersのJavaSciprtソースは圧縮されたコードになっているため、ol.jsの中でJavaScriptエラーになっても何が原因でエラーになっているのかよくわかりません。実際の開発時にはol.jsをol-debug.jsと書き換えて、デバッグモードのソースを使用すると良いでしょう。またOpenLayers4の仕組みを知るためにもこちらのコードの中身は見てみると面白いかもしれません。

リスト2.3

```
<script src="https://openlayers.org/en/v4.3.3/build/ol-debug.js">
</script>
```

地図タイルの仕組み

　ここで、地図タイルについて簡単に説明します。何度か出てきた地図タイルという単語ですが、これは（大抵の場合）一辺256pxの正方形の画像です。OpenLayersでは座標とズームレベルからどの部分のどのような地図を表示すればよいかを計算し、必要な部分を取得して画面上

に表示しています。

　地図タイルはサーバであらかじめ地図画像を作成されており、そのキャッシュを返すことによって高速で地図を描画できるような仕組みになっています。

　ズームレベル0の場合、タイルは次のように地球全体を表示しています。画像はOpenStreetMapのものになります。地球は丸いのでこのように正方形の中に全体を収めると高緯度になるほど歪みが大きくなっています。

図2.2: ズームレベル0の地図タイル

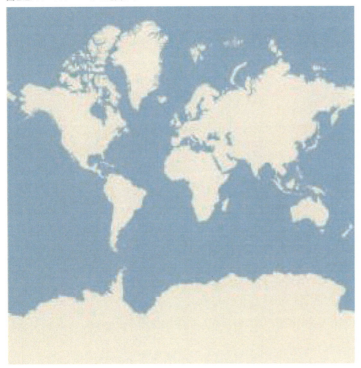

　次のイメージは、ズームレベルを上げた時にタイルの中に表示される画像の範囲を表したものです。太枠は基準となる一枚のタイルです。

　ズームレベル0では先ほどお伝えしたとおり全世界の情報が一枚のタイル上に表示されていますが、ズームレベルを1に上げるとタイルの縦横が倍の大きさになり、太枠内は拡大された一部分だけが表示されるようになります。

図2.3: 地図タイルの構造

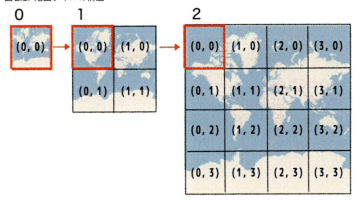

　ズームレベルをさらに上げて2にすると、1枚のタイルの大きさがまた倍になり、その一部分がタイル上に表示されるようになります。

　このとき拡大された画像は、ズームレベル1の画像が単純に大きくなって表示されているわけではなく、このズームレベル・座標に合わせた、より詳細な情報を持った別の画像になっています。

　たとえば、ズームアウトした状態で日本地図全体が表示されている画像と、目一杯ズームインして東京駅や東京駅から伸びる道が詳細に表示されている時の画像は別のものです。ズームアウトしている時の日本地図が縮小されて、拡大していくと東京駅が見えてくる……というわけではないのです。

　こうして一枚のタイルだった地図が分割されて、OpenStreetMapのズームレベル19では全274,877,906,944枚もの地図タイル画像によって全世界の地図を表示しています。

　ちなみにズームレベル19のとき、この274,877,906,944枚のタイルをすべて読み込んでいるか……、というともちろんそんなことはありません。OpenLayers4は効率よく地図の画像を取得できるようになっており、地図をスクロールすると表示が始まったところから、座標とズームレベルをもとにサーバに画像を取得しています。

　本書ではOpenStreetMapを使用していますが、この仕様に基づいたさまざまなマップサーバのサービスをOpenLayers4から使用することができます。地図の画像自体はOpenLayers4が提供しているわけではないので注意してください。

第3章　OpenLayers4で地図上にマーカーを表示してみよう

　お店のホームページにある地図の上に、「お店の場所はここ！」という感じのマーカーが表示されているのを見たことがあると思います。お店の場所や待ち合わせ場所など、地図の上にアイコンが表示されていればすぐに場所を認識することができて便利ですよね。OpenLayers4では簡単に地図上にアイコンを表示することができます。試してみましょう！

リスト3.1

```javascript
    var __markerLayer = null;
    window.onload = function() {
        // Map 作成の処理
        /** 省略 **/

        // 地理情報オブジェクトを作成 (1)
        var feature = new ol.Feature({
            geometry: new
ol.geom.Point(ol.proj.fromLonLat([139.745433, 35.658581]))
        });

        // マーカーの見た目の設定 (2)
        var style = new ol.style.Style({
            image: new ol.style.Icon({
                src: 'img/icon.png',
                anchor: [0.5, 1.0],
                scale: 0.3
            })
        });
        feature.setStyle(style);

        // レイヤーを作成してマップに追加する (3)
        __markerLayer = new ol.layer.Vector({
            source: new ol.source.Vector({ features: [feature] })
        });
        __map.addLayer(__markerLayer);
    }
```

　この処理をブラウザで実行してみましょう。東京タワーの上にマーカーが表示されましたか？

処理を順番に解説します。

地理情報のオブジェクトを作成

地理情報を持ったオブジェクトを作成します。geometryプロパティに、マーカーを表示したい緯度経度を設定してください。今回は東京タワーに設定してあります。このとき、緯度経度を取得する際にGoogleMapで取得してきた緯度経度を使用するとちょっとだけ位置がずれます。

これはGoogleMapとOpenStreetMapの測地系の違いによるものなので、Geocoding（http://www.geocoding.jp/）というサイトを使用すると、日本測地系での緯度経度を取得できて、思っている場所にマーカーを表示できます。

・GoogleMapでの緯度/経度：35度39分31.3秒（35.658694）/139度44分43.9秒（139.745528）
・Geocodingでの緯度/経度：35度39分30.89秒（35.658581）/139度44分43.558秒（139.74543）

マーカーの見た目の設定

マーカーの見た目を設定します。ここで画像の設定や、表示位置の調整を行います。

srcには画像のURLを設定します。マーカーに使用する画像が、本書で使用しているような吹き出しの形でその先が地点を指している場合、geometryで指定した緯度経度は「画像の右下」を基準に地図上に設置されるため、ズームレベルを変更した時に吹き出しの先が指している位置がずれてしまいます。ここではそれを回避するために、anchorで画像の位置調整を行っています。

位置の調整は画像の大きさに対して何％、と指定できます。今回の場合は画像の下部中央に吹き出しの先があるため、右方向に画像に対して50％位置をずらしました。

図3.1: マーカーの点の部分が地点の中心に来るよう調整する

レイヤーを作成してマップに追加する

新たにレイヤーを作成し、そのレイヤーに表示する画像として先ほど作ったfeaturesを画像として扱えるよう、ベクタークラスで初期化します。作成したレイヤーは地図オブジェクトに追加します。これでマーカーが地図上に表示されるようになりました。

図 3.2: マーカーを表示した状態

レイヤー

　OpenLayers4はオブジェクト指向で作られています。レイヤーを作成する際はol.layer.Layersクラスをインスタンス化します。

　OpenLayers4ではol.source.OSM以外にもol.source.*というリソースのクラスを持っていて、OpenStreetMap以外のマップサーバーに接続することも可能です。例えばMicrosoftのBingMapsであればol.souce.BingMaps（https://www.bing.com/maps）、地図をもとにアート表現をするStamenはol.souce.Stamen（http://maps.stamen.com/）など、既にクラスが準備されています。もちろん用意されていないマップサーバーも他のリソースを使用して表示することは可能です。

　OpenLayersで画面上に画像などを表示させたいとき、ol.layer.*をインスタンス化し、そのオブジェクトをol.Mapのレイヤー群に追加していくと、作成したレイヤーは次の画像のような層の状態になり一番最後に追加したレイヤーは最前面に表示されます。

　各レイヤーは一つのオブジェクトとして独立しているため、レイヤー内の表示設定等を変更しても他のレイヤーには影響しません。

図3.3: レイヤー

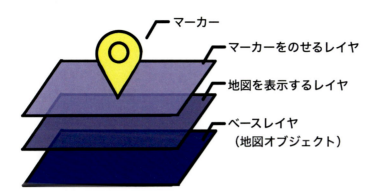

　レイヤーにはラスターレイヤーとベクターレイヤーがあります。ラスターレイヤーは地図タイルのようなPNGやJPEG等の画像です。ここではサーバーとやり取りをして取得した画像を表示します。

　前章の「地図タイルの仕組み」で紹介した通り、地図タイル画像はズームレベルや位置によって分割して画像を持っているため、ズームレベルを変更したり表示位置を移動するたびにサーバーとの通信が発生します。

　これに対してベクターレイヤーは、地理的な位置情報からクライアント側で描画されるものを表示します。ベクターレイヤーに描画されたオブジェクトはプログラムで生成されているため、クライアント内で処理が完結しておりサーバーとの通信を発生させず高速で処理することが可能です。また、拡大縮小しても画質が劣化することがありません。

　例えばこの後の章で紹介するポリゴンやポリラインを描画する場合はこちらのベクターレイヤーを使用しています。

第4章　ポリラインを表示してみよう

　マーカーの表示方法がわかったので、地図上に「点」を表現することができるようになりました。次は座標を使って「線」を表示してみましょう。
　ポリラインは複数の緯度経度の地点をつなぎ合わせることで作られていて、経路などを表示することができます。
　早速コードを書いてみましょう。今回の例では浜松町駅から東京タワーへの経路を表すポリラインを作成します。次のコードを今まで作成していたコードに追記して、loadMapの最後にdrawPolyilneを呼び出してください。

リスト4.1

```
var __map = null;

// 浜松町〜東京タワーの道のりを表す座標の配列
var coordinates = [
    [139.75655240134424, 35.6553463380788],
    [139.75648388462506, 35.65504941783402],
    [139.75593575087174, 35.65512364799868],
    [139.75573020071425, 35.654585477741634],
    [139.7550450335226, 35.65467826597572],
    [139.7544512219565, 35.654733938864441],
    [139.75390308820317, 35.65482672692599],
    [139.75349198788817, 35.65477105410197],
    [139.75305804866682, 35.65484528452539],
    [139.752715465071, 35.65491951487979],
    [139.75280682069655, 35.65696082259022],
    [139.75040873552575, 35.65722062164694],
    [139.75040361339467, 35.65783126326163],
    [139.74689841726482, 35.65818210512349],
    [139.74705081709652, 35.65853294544405],
    [139.74578081849876, 35.659007609306684]
]

function loadMap() {
    try {

        // マップの作成
        __map = new ol.Map({
```

```javascript
            target: 'map',
            layers: [
                new ol.layer.Tile({
                    source: new ol.source.OSM()
                })
            ],
            view: new ol.View({
                center: ol.proj.fromLonLat([139.745433, 35.658581]),
                zoom: 16
            })
        });

        // ポリラインを載せるためのレイヤーを作成する
        __polylineLayer = new ol.layer.Vector({
            source: new ol.source.Vector()
        });
        __map.addLayer(__polylineLayer);

        // ポリラインを描く
        drawPolyilne();

    } catch (e) {
        console.log(e);
    }
}

/**
 * ポリラインを描画する
 */
function drawPolyilne() {
    // ジオメトリの作成 (1)
    var lineStrings = new ol.geom.LineString([]);
    lineStrings.setCoordinates(coordinates);

    // 地物オブジェクトの作成 (2)
    var feature = new ol.Feature(
        lineStrings.transform('EPSG:4326', 'EPSG:3857')
    );

    var vector = new ol.source.Vector({
        features: [feature]
```

```
    });

    // レイヤーの作成  (3)
    var routeLayer = new ol.layer.Vector({
        source: vector,
        style: new ol.style.Style({
            stroke: new ol.style.Stroke({ color: '#ff33ff', width: 10 })
        })
    });

    // 作成したポリラインをレイヤーにのせる
    __map.addLayer(routeLayer);
}
```

(1) ジオメトリの作成

　コードの先頭で作成しているcoordinatesという緯度経度の配列を使用して、複数の折れ線をもつジオメトリを作成します。

　緯度経度の配列は2次元になっているので、線を引きたい地点の緯度経度を並べていきます。地点と地点の間に線が引かれることとなるので、道が複雑だったり、曲線を描こうとすると多くの地点の登録が必要です。

　今回のサンプルは東京タワーまでの経路を表示していますが、サンプルなので大まかなものになっています。

(2) 地物オブジェクトの作成

　作ったジオメトリはol.Featureオブジェクトとして扱うこととなりますが、ここで注目すべきなのはlineStrings.transformとなにやら変換している箇所があるということです。これは次章で簡単に紹介するので本章ではおまじないと思って記述してください。

(3) レイヤーの作成

　前章までのようにまたレイヤーを作っているのですが、今回はじめて出てくるのがレイヤーに対するスタイルを設定するstrokeです。これはレイヤーに乗せたものの見た目を変更することができるので、ポリラインの色や太さを変更することができます。

図4.1: ポリラインを表示した状態

第4章 ポリラインを表示してみよう

第5章　地図を扱うのに役立つ知識

|||||||||||||||||||||||||||||||||||||||||||||||||||||||||||||||||||||||||||||||||||||||||||||||||||
本章では、OpenLayers4の使い方から少しだけ離れて、地図を扱って行く上で知っておくとよい知識を紹介します。
|||||||||||||||||||||||||||||||||||||||||||||||||||||||||||||||||||||||||||||||||||||||||||||||||||

投影法

　地球は立体かつ楕円形なので、地図として使用するためにはどうにかして平面に置き換える必要があります。この3次元の立体の表面を2次元の平面の地図に置き換えることを「地図の投影」と言います。

　東京だけや日本だけなど、狭い範囲で地図にする場合は楕円形であることによる歪みが少なく置き換えることが容易なのですが、世界地図のような広い範囲となると地球を一枚の平面で表現することは一筋縄では行きません。面積・角度・距離のどれかを歪めなければ平面にすることはできないのですが、このとき用途によって正しく表示されてほしい項目に焦点を合わせて平面に変換する方法を「投影法」と言います。

　たとえば地図の中心からの方位と距離のみを完全に正しく表示する「正距離方位図法」や、面積が正しくなるように表現した「ランベルト正積円筒図法」など、たくさんの図法があります。OpenLayers4のデフォルト値やGoogleMapsAPIなどの地図タイルで使用しているのは「メルカトル図法」です。

図 5.1: 正距離方位図法

図 5.2: ランベルト正積円筒図法

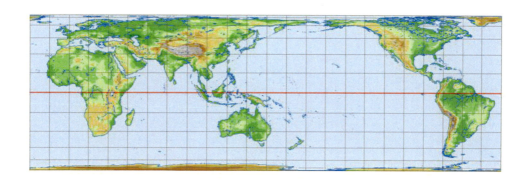

　メルカトル図法の一番の特徴は「角度」が正しいことです。角度が正しいと、狭い範囲だけを見ると形が正しくなります。しかしメルカトル図法は高緯度になるほど歪みが生じてしまい、さらに極点を表すことができません。

第 5 章　地図を扱うのに役立つ知識　23

このメルカトル図法はご存知の方も多いかも知れません。球体を平らな画面で表現することができる代わりに、緯度が中心から離れるほど歪みが生じます。形状の正確さには強いのですが、面積や距離の表現が正確ではないのが特徴です。

　この、角度が正しく、狭い範囲だけを見ると形が正しく見えるというところをうまく使ったのがGoogleMapsAPIです。

図5.3: メルカトル図法

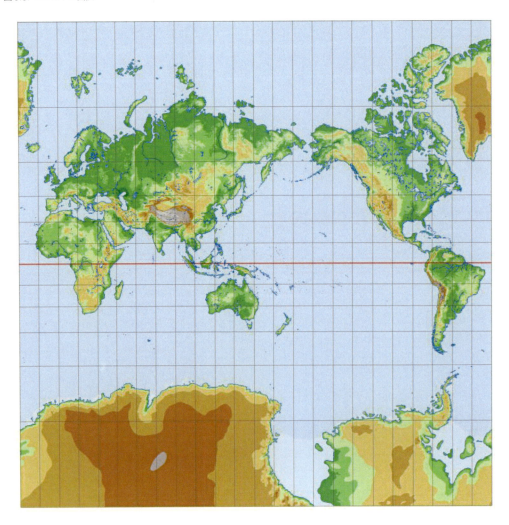

　本章での地図画像はこちらからお借りしました。
地図投影法学習のための地図画像素材集
　　http://user.numazu-ct.ac.jp/~tsato/tsato/graphics/map_projection/

Webメルカトル

WebメルカトルとはGoogleが開発した手法です。

Googleは、通常私たちが知っているメルカトル図法を、南極・北極は人が住んでいない地域なので不要と割り切り、ざっくり削ぎ落とすと、世界は正方形で表すことができるということを発見しました。「Webメルカトル」でググると「この発見はすごい！」という記事がたくさん見つかります。そこから今Webで地図を表示する際のデファクトスタンダードとなりつつあるこの地図タイルの方式が誕生しました。

Webで地図を表示するときは、広い範囲よりも近所などを調べることが多いでしょう。この狭い範囲であれば、メルカトル図法でも高緯度の歪みがほとんど問題になりません。この方式を利用するにあたって、地図のスケールバーも緯度によって縮尺が変わるよう工夫されています。

次の図はOpenLayers4で北海道の稚内空港と沖縄の那覇空港の付近を同じズームレベル13で表示した時のスケールバーの違いを表したものです。

より高緯度にある北海道の地図のスケールバーが、同じズームレベルであるにもかかわらず画像に対して距離が短く取られています。これはメルカトル図によって高緯度の地域ほど伸びて表示され、一タイルに表示されている面積が広がっていることを示しています。

OpenLayers4、YahooMaps、また国土地理院で提供している地図情報もこの方式を採用しています。このWebメルカトルをGoogleが広め、地図タイルの規格を揃えることによって、さまざまな地図画像を重ねて表示することもできるようになりました。

図5.4: 緯度によるスケールバーの表示の違い（沖縄）

図5.5: 緯度によるスケールバーの表示の違い（北海道）

地理座標系と投影座標系

　地図上のある位置を表すとき、緯度経度で表す場合と、XYの座標で表す場合があります。前者の緯度経度で表す方式を地理座標系、XYの座標で表す方式を投影座標系と言います。

　地理座標系は3次元の立体のまま、緯度経度を使用して位置を表します。緯度は赤道を中心に南北方向に90度ずつ（-90°〜90°）、経度は本初子午線を中心に東西180度ずつ（-180〜180°）の、地球の中心からの角度を使用しています。

　ただ、地球は楕円形であることなどから国によってはこの緯度経度の求め方が違うところもあるようで、万国共通で使用できるという訳ではないようです。

　次に、投影座標系は、前項で記載した投影法を用いた平面のXY座標をとる方式です。

　前述したように、投影法には用途によってさまざまな種類が存在します。そのためこちらもXY座標をいつも共通で使用できるという話ではなく、同じ投影法を使用している地図上でのみ共通でXY座標を使うことができます。

測地系

　測地系とは、緯度経度・標高を用いた座標によって表す時に、原点の定義・地球の形・標高（ジオイド面）を定めた基準値です。

測地系には日本測地系と世界測地系（WGS84）があり、測量をするために日本が独自で定めた基準値が日本測地系になります。近年ではGPSやWeb地図の普及などで、日本で使用する地図にも世界測地系を使用して標準化していこうという動きがあるようです。

また世界測地系と呼ばれるものには複数の種類があるため注意が必要です。

まずGPSなどで使用されている米国の測地系（WGS）、次に日本測地系2011（JDG2011）、さらに国際的測地成果を用いて実現した全地球的測地系も世界測地系と呼ばれています。

特に日本測地系2011については、日本国内の法令上名称と通用名が「世界測地系」となっているようです。もちろんGPSの規格とは異なるのでそのまま使用すると値がずれます。

古いGISデータなどは日本測地系の場合があり、GoogleMapなどの世界測地系の地図上にそのままポリゴンを重畳させようとすると少しずれて表示されることがありますので、注意しましょう。

Web地図を使用するにあたって、日本測地系のデータしかない場合は世界測地系に変換する必要があります。Web地図を使用している場合、「proj4js」というJavaScriptのライブラリを使用して測地系の変換を行うことが可能です。

proj4js

http://proj4js.org/

EPSG

サンプルコードに度々出てくるEPSG。今まで地図を扱うことがなかった私は、まずこのコードの意味と用途がわからず躓きました。

本書では次のようなtransformというEPSGというコードの変換を行う処理が何度か出てくるのですが、一体何を行っているコードなのでしょうか。

リスト5.1

```
// ポリラインを引く基となる緯度経度
var coordinates = [
    [139.75655240134424, 35.6553463380788],
    [139.75648388462506, 35.65504941783402],
    ...
    [139.74578081849876, 35.659007609306684]];

// ポリライン作成するメソッド
function drawPolyilne() {

    // ジオメトリの作成 (1)
    var lineStrings = new ol.geom.LineString([]);
    lineStrings.setCoordinates(coordinates);
```

```
    // 地物オブジェクトの作成 (2)
    var feature = new ol.Feature(
        lineStrings.transform('EPSG:4326', 'EPSG:3857') // ★ココ!!
    );

    // --- 省略 ---
}
```

EPSGはEuropean Petroleum Survey Groupという団体により作られたコード体系です。今はInternational Association of Oil and Gas Procuders（OGP）という団体が管理しています。

European Petroleum Survey Groupは1986年に設立されたグループで、ヨーロッパの石油会社の専門調査員や地図作成者等で構成されています。石油の探索を行うにあたって同業者みんなに有益な情報を議論・改善を繰り返し行い、効率の向上、品質の向上、作業の安全性の向上、環境の保護に貢献しようという活動をしていました。

EPSGコードは、その中でも測地作業を行っているグループのために座標参照系・座標変換記述のためのパラメータのデータを議論・作成・公開して、共通で使用できるようにしていこうという取り組みの元で作られたものです。石油を掘削するために地図について研究していた人たちの知識が、一般的に地図を使用する人たちの役に立っているのです。素晴らしいですね。

そのときに、測地系や、座標系の組み合わせにコードをつけて体系化したのがEPSGコードです。

OpenLayers4でデフォルトで使用されているのは「EPSG:3857」というコードで、WGS84（測地系）／メルカトル図法（座標系）の組み合わせです。今回、これに対する変換元は「EPSG:4326」というWGS84（測地系）／地理座標系（座標系）の組み合わせです。緯度経度という3次元で管理された地点を指定してポリゴンを描画しようとしているため、そのまま座標をLineStringsに指定してしまうと、メルカトル図法を使用しているOpenLayers4と平面での座標が一致しません。そのため変換して同じ基準で表示できるようにしています。

EPSGコードがどのような条件のものかを調べたり、場面にあったEPSGコードを検索したい場合などには、検索サイトがあるためこちらを使用します。

EPSG Geodetic Parameter Registry

http://www.epsg-registry.org

第6章 ポリゴンを表示してみよう

　ポリラインを表示できるようになったので、緯度経度を使った道のりを作成できるようになりました。次はポリラインを作成する処理を少しだけ変更して範囲を表すポリゴンを表示してみましょう。ポリゴンが表示できるようになると、「この区画が花火をみてよい会場です」とか、「この範囲は危険地帯なので立ち入り禁止です」などといったことを地図上に表示することができます。今回は新宿御苑を囲ってみました。

リスト6.1

```
var __map = null;

// 新宿御苑の範囲を表す緯度経度
var coordinates = [
    [[139.71005104383386, 35.68179658276378],
    [139.70794819196615, 35.68287719820597],
    [139.70575950941003, 35.683992656859445],
    [139.70502994855795, 35.68472466812544],
    [139.70434330305017, 35.68608409980037],
    [139.70485828718103, 35.687548077236144],
    [139.70584534009848, 35.68824519990561],
    [139.70726154645834, 35.688384623708416],
    [139.70837734540856, 35.68824519990561],
    [139.7091927369491, 35.68747836463413],
    [139.71082352003012, 35.68719951361685],
    [139.71189640363608, 35.68712980071024],
    [139.71331260999597, 35.68702523123605],
    [139.71357010206137, 35.68643266829335],
    [139.71408508619226, 35.68573552978438],
    [139.71455715497885, 35.68500352779341],
    [139.71455715497885, 35.68423666136103],
    [139.7144713242904, 35.68427151908605],
    [139.71150292237655, 35.68353950366236],
    [139.71154154618636, 35.683016631390515],
    [139.71464298566735, 35.68197087656698],
    [139.7137846787826, 35.68158742969743],
    [139.71241138776693, 35.68137827608278],
    [139.71005104383386, 35.68179658276378]
    ]]
```

```javascript
function loadMap() {

    // マップの作成
    __map = new ol.Map({
        target: 'map',
        layers: [
            new ol.layer.Tile({
                source: new ol.source.OSM()
            })
        ],
        view: new ol.View({
            center: ol.proj.fromLonLat([139.70975414280838, 35.684790287260014]),
            zoom: 15
        })
    });

    drawPolygon();
}

/**
 * ポリゴンを描画する
 */
function drawPolygon() {

    // ジオメトリの作成
    var polygon = new ol.geom.Polygon([]);
    polygon.setCoordinates(coordinates);

    // 地物オブジェクトの作成 ～ レイヤーの作成
    var feature = new ol.Feature(
        polygon.transform('EPSG:4326', 'EPSG:3857')
    );

    var vector = new ol.source.Vector({
        features: [feature]
    });
    var routeLayer = new ol.layer.Vector({
        source: vector,
        style: new ol.style.Style({
            stroke: new ol.style.Stroke({ color: '#000000',
```

```
            width: 5 }),
                fill: new ol.style.Fill({ color: [0, 0, 0, 0.5] })
            })
        });

        // 作成したポリゴンをレイヤーにのせる
        __map.addLayer(routeLayer);
    }
```

ポリゴンの表示

　表示の方法は、ポリラインを作った時と基本的にはあまり変わりません。

　まずはPolygonオブジェクトを使うようになりました。それから配列が3次元になっています。ポリゴンを作る上で大切なのは、この配列の先頭と最後を同じ座標にしておくことです。最初と最後を一緒にしておかないとポリラインが繋がらず、うまくポリゴンが表示されません。

　レイヤーのスタイルを設定しているところで、ポリライン作成時にはなかったfillというプロパティが追加されています。これはポリゴンの中の色を設定しています。この色はカラーコードでも指定することができるので好みで使い分けてください。この例では、地図も見えて欲しいので少し透過させています。

図6.1: ポリゴンを表示した状態

第7章　イベントのハンドリングをしてみよう

　前章までの内容で、マップ上にオブジェクトを表示することができるようになりました。次は、マップに対するイベントをハンドリングして、もっと地図を柔軟に扱えるようにしてみましょう。

　本書ではよく使うイベントとして次のふたつを紹介します。

・移動イベント

・クリックイベント

　まずはマップに対するイベントの使い方ですが、次のようにon関数を使用します。'click'の部分にはハンドリングしたいイベントのキー名を指定しています。この例では「クリック」イベントを指定し、第2引数にクリックされたときに実行したい関数を設定しました。onClick関数の引数になっているevtにはol.MapEventが返ってきます。このイベントを取得して、マップの状態などを取得することができます。

リスト7.1

```
__map.on('click', function onClick(evt) {
    // クリックしたときに実行したい処理
});
```

evtから取得できるプロパティは次になります。

・map
・type
・frameState
・target

　この中のmap（ol.PluggableMap）は、ol.Mapと同じように扱うことができます。詳しくはOpenLayers4のAPIドキュメントを参照してください。

移動イベント

　マップが移動したことを検知するイベントです。マップが移動し始めたことをハンドリング

するmovestart、移動が完了したことをハンドリングするmoveendなどがあります。次の例では、移動が完了するとマップの中心の緯度経度を表示するプログラムを紹介します。移動が開始するといったん緯度経度が「?????」と表示されるようになっています。

リスト7.2

```
<!--長いのでbody部分だけ-->
<body onload='loadMap();'>
  <div id='map'></div>
  <div id='latitude'></div>
  <div id='longitude'></div>
</body>
var __map = null;

function loadMap() {
    __map = new ol.Map({
        target: 'map',
        layers: [
            new ol.layer.Tile({
                source: new ol.source.OSM()
            })
        ],
        view: new ol.View({
            center: ol.proj.fromLonLat([139.745433, 35.658581]),
            zoom: 15
        })
    });

    // マップをクリックした時のアクションを設定
    __map.on('movestart', moveStart); // (1)
    __map.on('moveend', moveEnd); // (2)
}

/**
 * 移動を開始したときに呼び出す
 * @param {*} evt
 */
function moveStart(evt) {
    document.getElementById('latitude').innerHTML = '?????';
    document.getElementById('longitude').innerHTML = '?????';
}

/**
```

第7章 イベントのハンドリングをしてみよう | 33

```
     * 移動を終了したときに呼び出す
     * @param {*} evt ol.MapEvent
     */
    function moveEnd(evt) {
        // 移動が終了した時の地図の中心点を取得する
        var coordinate = evt.map.getView().getCenter();
        document.getElementById('latitude').innerHTML =
coordinate[1];
        document.getElementById('longitude').innerHTML =
coordinate[0];
    }
```

（1）movestart

　このイベントで呼び出されたmoveStart関数によって緯度経度の表示を「?????」に変更しています。ここでも引数でevt（ol.MapEvent）を取得することができていますが、この関数内では使用していません。

（2）moveend

　このイベントで呼び出されたmoveEnd関数では、マップの中心地を取得して緯度経度を表示しています。引数のevtからmapプロパティを呼び出し、さらにgetViewでビューを取得します。そしてそのビューからgetCenterで中心の緯度経度がやっと取得できます。

　getCenterで返ってくるオブジェクトはol.Coordinatesというクラスですが、これはol.Coordinateという名前が付いているものの、内部的にはArrayです。インデックス0にx座標、インデックス1にy座標が入っています。

クリックイベント

　クリックイベントはその名のとおりマップをクリックしたときに何か処理を行いたいときに利用されます。クリックイベントの学習とこれまでの復習を兼ねて、クリックした座標を使ってポリラインやポリゴンを描画するマップの作成を行いましょう。

　今回はスタートボタンをクリックすると座標の記録を開始して、地図上をクリックするとマーカーを置いていき、「ポリゴンを作る」ボタン、もしくは「ポリラインを引く」ボタンをクリックすると記録していた座標を繋いでそれぞれ描画するというサンプルを用意しました。

　こちらを使って地図上にお絵描きしてみましょう！

リスト7.3

```
    <!doctype html>
```

```html
<html lang='ja'>

<head>
    <meta charset='utf-8' />
    <link rel="stylesheet" href="https://openlayers.org/en/v4.3.3/css/ol.css"
     type="text/css">
    <script src="https://openlayers.org/en/v4.3.3/build/ol.js"></script>
    <script src='sample6_click.js' type='text/javascript'></script>
    <style>
        #map {
            width: 600px;
            height: 400px;
        }
    </style>
</head>

<body onload='loadMap();'>
    <div id='map'></div>
    <button onclick='start()'>記録開始</button>
    <button onclick='makePolygon();'>ポリゴン作る</button>
    <button onclick='makePolyline();'>ポリラインを引く</button>
    <button onclick='clear'>クリア</button>
    <div id='label'></div>
</body>

</html>
```

```javascript
/** 地図 */
var __map = null;
/** マーカーをプロットするためのレイヤー */
var __markerLayer = null;
/** ポリゴンを描画するためのレイヤー */
var __polygonLayer = null;
/** 記録中であるか否か */
var __isRecording = false;
/** 緯度経度保存用配列 */
var __coordinates = [];

function loadMap() {
```

```javascript
    // マップの作成
    __map = new ol.Map({
        target: 'map',
        layers: [
            new ol.layer.Tile({
                source: new ol.source.OSM()
            })
        ],
        view: new ol.View({
            center: ol.proj.fromLonLat([139.745433, 35.658581]),
            zoom: 15
        })
    });

    // マーカーを載せるためのレイヤーを作成する
    __markerLayer = new ol.layer.Vector({
        source: new ol.source.Vector()
    });
    __map.addLayer(__markerLayer);

    // ポリゴンを表示するレイヤーを作成する
    __polygonLayer = new ol.layer.Vector({
        source: new ol.source.Vector(),
        style: new ol.style.Style({
            stroke: new ol.style.Stroke({ color: '#000000', width: 5 }),
            fill: new ol.style.Fill({ color: [0, 0, 0, 0.5] })
        })
    });
    __map.addLayer(__polygonLayer);

    // マップをクリックした時のアクションを設定 (1)
    __map.on('click', onClick);
}

/**
 * クリックイベントを検知した時に呼び出したいメソッド
 * @param {Object} evt
 */
function onClick(evt) {

    // 記録中でない場合は無視する
```

```javascript
    if (!__isRecording) {
        return;
    }

    // クリックした場所の座標を取得
    var coordinate = evt.coordinate;

    var epsg4326Coord = ol.proj.transform(coordinate, 'EPSG:3857', 'EPSG:4326');
    __coordinates.push(epsg4326Coord);
    plotMarker(epsg4326Coord[0], epsg4326Coord[1]);
}

/**
 * マーカーを地図にプロットするメソッド
 * @param {Number} lon
 * @param {Number} lat
 */
function plotMarker(lon, lat) {
    // 地物オブジェクトを作成
    var feature = new ol.Feature({
        geometry: new ol.geom.Point(ol.proj.fromLonLat([lon, lat]))
    });

    // マーカーのスタイルを設定
    var style = new ol.style.Style({
        image: new ol.style.Icon({
            src: 'img/icon.png',
            anchor: [0.5, 1.0],
            scale: 0.3
        })
    });
    feature.setStyle(style);
    feature.setId(lon);

    // 地物を追加する
    __markerLayer.getSource().addFeature(feature);
}

/**
 * 記録を開始するメソッド
```

```
 */
function startRecord() {
    __isRecording = true;
    __coordinates = [];
    setMessage('記録中です');
}

/**
 * ポリゴンを作成するメソッド
 */
function makePolygon() {

    // 3点以上ないとポリゴンが作れないのでエラー
    if (__coordinates.length < 3) {
        setMessage('2点以上選択してください');
        return;
    }

    __isRecording = false;

    // ポリゴンを作るにあたって，最初に選択した座標と
    // 最後に選択した座標を繋いでくれるよう，先頭の座標をお尻に追加する
    __coordinates.push(__coordinates[0]);
    var coord = [];
    coord.push(__coordinates);

    // ジオメトリの作成
    var polygon = new ol.geom.Polygon([]);
    polygon.setCoordinates(coord);

    // 地物オブジェクトの作成 ～ レイヤーの作成
    var feature = new ol.Feature(
        polygon.transform('EPSG:4326', 'EPSG:3857')
    );

    __polygonLayer.getSource().addFeature(feature);
    __markerLayer.getSource().clear();

    setMessage('ポリゴンを描画しました');
}

/**
```

```
 * ポリラインを作成するメソッド
 */
function makePolyline() {

    __isRecording = false;

    // ポリラインの作成
    var lineString = new ol.geom.LineString([]);
    lineString.setCoordinates(__coordinates);

    var feature = new ol.Feature(
        lineString.transform('EPSG:4326', 'EPSG:3857')
    );
    __polygonLayer.getSource().addFeature(feature);
    __markerLayer.getSource().clear();
    setMessage('ポリラインを描画しました');
}

/**
 * 地図上の地物を削除するメソッド
 */
function clearPolygon() {
    __polygonLayer.getSource().clear();
    __markerLayer.getSource().clear();
    setMessage('地図をクリアしました');
}

/**
 * メッセージを表示するメソッド
 * @param {String} message
 */
function setMessage(message) {
    document.getElementById('label').innerHTML = message;
}
```

図 7.1: ポリライン・ポリゴンを描画してみました

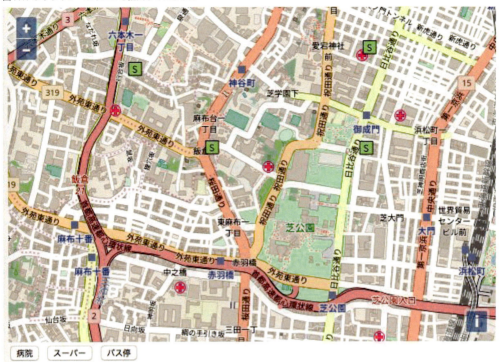

第8章　地図上にポップアップを表示する

　地図上のアイコンをクリックしたら吹き出しが出てお店の名前や住所が表示されるというのもよく見かけますね。これを本章では作ってみましょう。
　といっても、OpenLayers自体に「吹き出しを表示する」という機能はないため、HTMLで作った吹き出しをOpenLayersの地図の上に表示することになります。HTMLとCSSを使用して、デザイン等は柔軟に作成することが可能です。この「HTMLのオブジェクトを地図の上に表示する」ために使用するのがOpenLayersの機能のol.Overlayです。

オーバーレイ

　オーバーレイもMapの上に重畳することができます。オーバーレイを使用することで、任意の緯度経度にHTMLで作成したオブジェクトを表示することができます。たとえばHTMLで作った吹き出しや、cssで整形したオブジェクトを地図上に表示することができます。

リスト8.1

```html
<!doctype html>
<html lang='ja'>

<head>
    <meta charset='utf-8' />
    <link rel="stylesheet" href="https://openlayers.org/en/v4.3.3/css/ol.css" type="text/css">
    <script src="https://openlayers.org/en/v4.3.3/build/ol-debug.js"></script>
    <script src='sample9.js' type='text/javascript'></script>

    <style>
        #map {
            width: 600px;
            height: 400px;
        }
    </style>
</head>

<body onload='loadMap();'>
```

```
    <div id='map'></div>
    <div id='popup'></div>
</body>

<style type="text/css">
    #popup {
        position: relative;
        display: inline-block;
        margin: 1.5em 0;
        padding: 7px 10px;
        min-width: 120px;
        max-width: 100%;
        color: #555;
        font-size: 16px;
        background: #FFF;
        border: solid 3px #555;
        box-sizing: border-box;
    }

    #popup:before {
        content: "";
        position: absolute;
        bottom: -24px;
        left: 50%;
        margin-left: -15px;
        border: 12px solid transparent;
        border-top: 12px solid #FFF;
        z-index: 2;
    }

    #popup:after {
        content: "";
        position: absolute;
        bottom: -30px;
        left: 50%;
        margin-left: -17px;
        border: 14px solid transparent;
        border-top: 14px solid #555;
        z-index: 1;
    }

    .popup p {
```

```
        margin: 0;
        padding: 0;
    }
</style>

</html>
/** 地図 */
var __map = null;
/** 吹き出しを表示するオーバーレイ */
var __overlay = null;

function loadMap() {

    // マップの作成
    __map = new ol.Map({
        target: 'map',
        layers: [
            new ol.layer.Tile({
                source: new ol.source.OSM()
            })
        ],
        view: new ol.View({
            center: ol.proj.fromLonLat([139.745433, 35.658581]),
            zoom: 15
        })
    });

    // マーカーを載せるためのオーバーレイを作成する
    __overlay = new ol.Overlay({
        element: document.getElementById('popup'),
        positioning: 'bottom-center'
    });

    // Mapをクリックしたら緯度経度をポップアップで表示する
    __map.on('click', function (event) {
        var coord = ol.proj.transform(event.coordinate,
 'EPSG:3857', 'EPSG:4326');
        var element = __overlay.getElement();
        element.innerHTML = '緯度：' + coord[1] + '\n\n経度：' +
coord[0];
        __overlay.setPosition(event.coordinate);
        __map.addOverlay(__overlay);
```

```
    });
}
```

このコードを実行すると次のような地図を表示させることができます。

図8.1: ポップアップ表示

今回は緯度経度のみが表示されるようにしていますが、地理情報などをFeatureに持たせればアイコンを表示した時にその地物の情報を吹き出しに表示させるというようなことも可能です。

例えばこういったFeatureを準備して地図上に追加しておきます。

リスト8.2

```
    var feature = new ol.Feature({
        geometry: new ol.geom.Point([139.81415964241077,
35.696744768326155]),
        name: '錦糸町駅',
        // ・・・スタイルの設定等・・・・
    });
```

そしてマップのクリックイベントでFeatureを取得し、その情報をもとに吹き出しを表示するなどしても良いでしょう。

リスト8.3

```
    map.on('click', function (evt) {
```

```javascript
        // クリックした位置にあるFeatureを取得する
        var feature = map.forEachFeatureAtPixel(evt.pixel,
            function (feature) {
                return feature;
            });

        if (feature) {
            // 名前を取得して吹き出しに表示する
            var coordinates =
feature.getGeometry().getCoordinates();
            var element = __overlay.getElement();
            element.innerHTML = feature.get('name');
            __overlay.setPosition(event.coordinates);
            __map.addOverlay(__overlay);
        } else {
            __map.removeOverlay(__overlay);
        }
    });
```

第9章　地図を使ったサービス

近年では、各市区町村などがWeb上で地域の施設情報をまとめた地図を独自に公開しています。

たとえば東京都の江戸川区では、「えどがわマップ」（http://www.machi-info.jp/machikado/edogawa_city）という地図サービスが展開されており、地域を限定することによって早くて確実な情報更新を可能としています。

図9.1: えどがわマップ

このように、施設情報などを表示できる簡単なプログラムを書いてみましょう。今回はマーカーをクリックすると施設の情報が吹き出しで表示されるサンプルを用意してみました。

リスト9.1

```
<body onload='loadMap();'>
    <div id='map'></div>
    <div id='popup'></div>
</body>
/** 地図 */
var __map = null;
/** マーカーをプロットするためのレイヤー */
var __markerLayer = null;
/** ポップアップを表示するためのレイヤー */
```

```
var __overlay = null;
/** 施設の位置情報 */
var facilities = [
    {
        name: '江戸川区役所',
        address: '東京都江戸川区中央1-4-1',
        coordinate: [139.868427, 35.706665],
        discription: '月～金  8:30～17:00'
    },
    {
        name: '江戸川保健所中央健康サポートセンター',
        address: '東京都江戸川区中央4-24-19',
        coordinate: [139.868285, 35.709729],
        discription: '月～金  8:30～17:00'
    }
];

function loadMap() {

    // マップの作成
    __map = new ol.Map({
        target: 'map',
        layers: [
            new ol.layer.Tile({
                source: new ol.source.OSM()
            })
        ],
        view: new ol.View({
            center: ol.proj.fromLonLat([139.868427, 35.706665]),
            zoom: 17
        })
    });

    // マーカーを載せるためのレイヤーを作成する
    __markerLayer = new ol.layer.Vector({
        source: new ol.source.Vector()
    });
    __map.addLayer(__markerLayer);

    // ポップアップを表示するためのオーバーレイを作成する
    __overlay = new ol.Overlay({
        element: document.getElementById('popup'),
```

```
            positioning: 'bottom-center'
        });

        // マーカーをレイヤーにプロットする
        for (i in facilities) {
            // 地物オブジェクトを作成
            var info = facilities[i];
            var feature = new ol.Feature({
                geometry: new
ol.geom.Point(ol.proj.fromLonLat(info.coordinate))
            });
            feature.information = info;

            // マーカーのスタイルを設定
            var style = new ol.style.Style({
                image: new ol.style.Icon({
                    src: 'img/facility.png',
                    anchor: [0.5, 1.0],
                    scale: 0.8
                })
            });
            feature.setStyle(style);

            // 地物を追加する
            __markerLayer.getSource().addFeature(feature);
        }

        // 地図のクリックイベントを設定
        __map.on('click', function (evt) {
            var feature = __map.forEachFeatureAtPixel(evt.pixel,
                function (feature) {
                    return feature;
                });
            if (feature) {
                var coordinates =
feature.getGeometry().getCoordinates();
                var info = feature.information;
                var element = __overlay.getElement();
                var descriptionHTML =
                    '<div>' + info.name + '</div>' +
                    '<div>' + info.address + '</div>' +
                    '<div>' + info.discription + '</div>';
```

```
            element.innerHTML = descriptionHTML;
            __overlay.setPosition(coordinates);
            __map.addOverlay(__overlay);
        } else {
            __map.removeOverlay(__overlay);
        }
    });
}
```

図9.2 施設情報を表示するサンプル

今回はサンプルということでJavaScriptのコード内にJSON形式の情報を書いていますが、より実用的なものを作る場合はWebAPIを呼び出してサーバーから地物の情報を取得したり、HTMLのbody部分もサーバーで動的に定義できたりするとよいでしょう。

広い範囲のポリゴン

えどがわマップには「公園・親水公園マップ」があります。このように広範囲にポリゴンを表示する場合、前章で紹介したようにポリゴンを書く方法もあるのですが、KMLというファイルを準備してその情報を地図上に重畳させることもできます。

KMLとは

KMLはKeyhole Markup Languageの略で、地理データを表示するために利用するファイルの形式です。KMLの中身はXMLで記述されており、KMLの書き方はこちらのリファレンスのとおり記述する必要があります。

https://developers.google.com/kml/documentation/kmlreference?hl=ja

このリンク先はGoogleのサイトになっていますが、KMLとはGoogleEarthによって広められた形式なのです。Webメルカトルや地図タイルなど、GoogleはWeb地図の発展にとても貢献しています。OpenLayers4の書籍であるにもかかわらず、本書にはGoogleの話題が多く登場しますが、Web地図を語る上でGoogleの功績は避けて通れません。

KMLはGoogleEarth上で作成してサーバーに置いておけば、地図クライアントがそのファイルを読み込むだけで地理情報を地図上に表示させることができます。地理情報が頻繁に変更されるものでない場合にKMLを使用すれば、サーバー側で位置情報を格納するDB、それを登録するWebアプリケーションの作成、さらにその登録された情報をクライアントとやり取りするWebAPIの作成などを全て省略することができます。（KMLは静的なコンテンツとなるので気象情報や人の位置情報など変化しやすいものへの利用よりも建物の位置情報などの短期間ではあまり変化のない情報の表示が得意です。）

それではKMLを使用したサンプルを作成してみましょう。KMLのファイルさえ作ってしまえば、表示させるコードはシンプルです。次のコードを実行するとこのような地図が表示されます。黄色いマーカーは江戸川区役所で、紫色の部分は江戸川区の公園です。

図9.3: KMLを使用したサンプル

KMLファイルはサーバー上に置いてhttpでリクエストするようにしてください。今まではコードを書いたHTMLファイルをダブルクリックしてブラウザで開いていたかもしれませんが、このコードはHTML、JavaScript、KMLファイルを全てサーバーの上に配置して実行してください。そうしないと次のようなエラーが出てしまいうまく実行されません。

error表示の例

```
[Error] Origin null is not allowed by Access-Control-Allow-Origin.
[Error] Failed to load resource: Origin null is not allowed by
Access-Control-Allow-Origin.(sample8_2_1.kml, line 0)
[Error] XMLHttpRequest cannot load
http://192.168.XXX.XXX/kml/sample8_2_1.kml due to access control
checks.
```

Macの場合はデフォルトでapacheが入っているので、それを起動して置いてみましょう。~/Library/WebServer/Documentsにファイルを置いて、

```
$apachectl start
```

です。

リスト9.2

```xml
<?xml version="1.0" encoding="UTF-8"?>
<kml xmlns="http://www.opengis.net/kml/2.2">
  <Document>
  <!-- 施設を表示するためのアイコン -->
  <Style id="facilityIcon">
    <IconStyle>
     <Icon>
       <href>http://192.168.11.5/olsample/img/facility.png</href>
     </Icon>
    </IconStyle>
    <LabelStyle>
        <color>000000ff</color>
    </LabelStyle>
  </Style>
  <Style id="parkPolygon">
    <LineStyle>
      <width>1.5</width>
    </LineStyle>
    <PolyStyle>
```

```xml
        <color>7dff0000</color>
    </PolyStyle>
</Style>
</Document>
<!-- 地理情報の設定 -->
<Placemark>
    <name>江戸川区役所</name>
    <visibility>0</visibility>
    <description>江戸川区の区役所です。</description>
    <styleUrl>#facilityIcon</styleUrl>
    <Point>
        <altitudeMode>relativeToGround</altitudeMode>
        <coordinates>139.868427, 35.706665,18</coordinates>
    </Point>
</Placemark>
<Placemark>
    <name>公園A</name>
    <styleUrl>#parkPolygon</styleUrl>
    <Polygon>
        <extrude>1</extrude>
        <altitudeMode>relativeToGround</altitudeMode>
        <outerBoundaryIs>
            <LinearRing>
                <coordinates>
                139.87080738157306, 35.707456905345865,100
                139.8707215508846, 35.706446318988256,100
                139.8709897717861, 35.7064288949732,100
                139.87123653501547, 35.707456905345865,100
                </coordinates>
            </LinearRing>
        </outerBoundaryIs>
    </Polygon>
</Placemark>
<Placemark>
    <name>公園B</name>
    <styleUrl>#parkPolygon</styleUrl>
    <Polygon>
        <extrude>1</extrude>
        <altitudeMode>relativeToGround</altitudeMode>
        <outerBoundaryIs>
            <LinearRing>
                <coordinates>
```

```
                139.87300679296538, 35.70762243120059,100
                139.87299606412932, 35.7073959220496,100
                139.87371489614532, 35.70735236252368,100
                139.87373635381743, 35.70758758368078,100
            </coordinates>
          </LinearRing>
        </outerBoundaryIs>
      </Polygon>
   </Placemark>
</kml>
```

装飾

　<Style>タグでマーカーやポリゴンのスタイルを設定しています。<name>で名前をつけて、後述の地理情報とともに指定すると見た目を変更することができます。

地理情報

　<Placemark>タグで地理情報を設定しています。<Point>で点を、<Polygon>で多角形のポリゴンを描画することができます。<LineString>というタグを使用することでポリラインを描画することも可能です。これらのタグ内の<coordinate>タグに緯度経度を指定してください。

リスト9.3

```
<body onload='loadMap();'>
    <div id='map'></div>
</body>
/** 地図 */
var __map = null;

function loadMap() {

    // KMLを表示するレイヤーを作成
    var t = Date.now();
    var kmlVector = new ol.layer.Vector({
        source: new ol.source.Vector({
            url: 'http://192.168.11.5/olsample/sample8_2_1.kml?t='
+ t,
            format: new ol.format.KML()
        })
    });
```

```
    // マップの作成
    __map = new ol.Map({
        target: 'map',
        layers: [
            new ol.layer.Tile({
                source: new ol.source.OSM()
            }),
            kmlVector
        ],
        view: new ol.View({
            center: ol.proj.fromLonLat([139.87080738157306,
35.707456905345865]),
            zoom: 17
        })
    });
}
```

第10章　無料で使えるGIS情報

　今までの章ではOpenStreetMapというフリーの地図を利用してきましたが、これ以外にも無料で使用できる地図タイルの情報がいくつか公開されているので、これらを使って地図を表示させることも可能です。

　また、地図のタイルだけでなく、地図に表示できる情報もたくさん公開されています。これらの情報は商用に使用できるものから、整備中や著作権によって商用利用が禁止されていたりなど利用規約が細かく定められているものまであるので、規約などをよく読んで正しく使用しましょう。

国土地理院コンテンツの利用

　国土交通省は、国土地理院コンテンツを公開しています。
　http://maps.gsi.go.jp/development/ichiran.html
　今回はその中から標準地図を表示してみましょう。次のようなURLが記載してありますのでこちらを使います。
　https://cyberjapandata.gsi.go.jp/xyz/std/{z}/{x}/{y}.png

リスト10.1

```
/** 地図 */
var __map = null;

function loadMap() {

    // 国土地理院標準マップ 表示レイヤーの作成
    var __stdLayer = new ol.layer.Tile({
        source: new ol.source.XYZ({
            url:
'https://cyberjapandata.gsi.go.jp/xyz/std/{z}/{x}/{y}.png'
        })
    });

    // マップの作成
    __map = new ol.Map({
        target: 'map',
        layers: [
            __stdLayer
```

```
        ],
        view: new ol.View({
            center: ol.proj.fromLonLat([139.745433, 35.658581]),
            zoom: 15
        })
    });
}
```

今まではレイヤーを作る時にsourceにol.source.OSMを指定していましたが今回はol.source.XYZを指定しています。

ここで気になるのがURLに含まれている{x}/{y}/{z}のですね。何となく想像がつくかもしれませんが、xとyに座標、zにズームレベルを指定するとその座標の画像を取得することができます。

この{x}/{y}/{z}の入ったURLをXYZオブジェクトのurlに指定しておくと、最初に紹介した地図タイルの仕組みによって、スクロールなどによって表示が開始されたタイルから、ズームレベルと座標を項目に当てはめてて画像を取得してくるようになっています。

OSMのオブジェクトも内部的にはこのxyzの入ったURLを呼び出しているため、オンラインでコードを実行する必要があります。

ちなみに国土地理院で公開されている地図は日本限定なので、海外が表示できるような広いズームレベルの地図は用意されていません。ご注意ください。

GoogleMapsAPIの利用

本書の冒頭でも記載しましたが、皆さんに馴染みの深いGoogleMapについても少し紹介したいと思います。

GoogleMapは一般の人が使用する場合、一定量までは無料で使用することができます。課金をしないと閲覧できないコンテンツや、本書の冒頭に記述したような企業向けなどの閉ざされたコミュニティ内での利用を行う場合は課金して使用することができます。また、一般の利用者でも（あまり無いと思いますが）大量のアクセスが行われる場合は従量課金制となります。

Googleのサービスは従量課金制が多いですが、本書執筆時点（2017年12月）では24時間で25000回までのアクセスが無料となっています。

閉ざされたコミュニティの中で使用したい場合や、GoogleMapを利用したサービスでユーザに課金を行う場合はGoogle Maps APIs Premium Planというライセンスを購入する必要があります。

Google Maps APIs Premium Plan の概要
　　https://developers.google.com/maps/premium/overview?hl=ja

また、OpenLayersの紹介の本なのでOpenLayersに絡めた話をすると、たとえばフレーム

ワークはOpenLayersを利用したいけれどGoogleMapの地図タイルを使いたいと考える方もいらっしゃるかもしれないですが、これはできません。

　GoogleMapにも地図タイルをよび出すAPIが用意されていますが、これをGoogleMapsAPI以外からよび出すことは利用規約で禁止されています（無料・有料の区別はありません）。なのでGoogleMapの地図タイルはGoogleMapsAPIから利用します。とはいえ普段私達はGoogleMapの美しい地図に慣れてしまっているのでOpenStreetMapが少し見劣りしてしまうのは仕方ありませんね。

　逆に、GoogleMapsAPIからOpenstreetMapの地図タイルを呼び出すのは問題ありません。

　GoogleMapsに限らず、地図タイルを使用するときは利用規約がしっかりと定められていることがほとんどなので、確認して使用するようにしましょう。

あとがき

この度は本書を手に取っていただきありがとうございました。

2017年夏に、業務でスマホアプリのWebView上でOpenLayers4を動かすということをしておりまして、OpenLayers3の情報は割とネットに出ているのですが4の情報は英語でもあまりネット上にないと感じたので何かにまとめておこうと思いました。

地図の種類とか描画の仕方とか気にしたことがなかったので今回業務で関わらせていただいてとても興味深くて楽しかったです。

本書を読んで、GoogleMapだけでなく、OpenLayers4という選択肢もあるということを少しでも多くの人に知っていただけると嬉しいです。

著者紹介

佐藤 奈々子（さとう ななこ）

株式会社ウィズワン に所属するエンジニアです。JavaやC#での開発を経験し、現在はiOSのスマートフォンアプリ開発を行っています。

◎本書スタッフ
アートディレクター/装丁：岡田章志＋GY
編集協力：飯嶋玲子
デジタル編集：栗原 翔

技術の泉シリーズ・刊行によせて

技術者の知見のアウトプットである技術同人誌は、急速に認知度を高めています。インプレスR&Dは国内最大級の即売会「技術書典」（https://techbookfest.org/）で頒布された技術同人誌を底本とした商業書籍を2016年より刊行し、これらを中心とした『技術書典シリーズ』を展開してきました。2019年4月、より幅広い技術同人誌を対象とし、最新の知見を発信するために『技術の泉シリーズ』へリニューアルしました。今後は「技術書典」をはじめとした各種即売会や、勉強会・LT会などで頒布された技術同人誌を底本とした商業書籍を刊行し、技術同人誌の普及と発展に貢献することを目指します。エンジニアの"知の結晶"である技術同人誌の世界に、より多くの方が触れていただくきっかけになれば幸いです。

株式会社インプレスR&D
技術の泉シリーズ　編集長　山城 敬

●お断り
掲載したURLは2018年4月27日現在のものです。サイトの都合で変更されることがあります。また、電子版ではURLにハイパーリンクを設定していますが、端末やビューアー、リンク先のファイルタイプによっては表示されないことがあります。あらかじめご了承ください。

●本書の内容についてのお問い合わせ先
株式会社インプレスR&D　メール窓口
np-info@impress.co.jp
件名に『本書名』問い合わせ係」と明記してお送りください。
電話やFAX、郵便でのご質問にはお答えできません。返信までには、しばらくお時間をいただく場合があります。なお、本書の範囲を超えるご質問にはお答えしかねますので、あらかじめご了承ください。
また、本書の内容についてはNextPublishingオフィシャルWebサイトにて情報を公開しております。
http://nextpublishing.jp/

●落丁・乱丁本はお手数ですが、インプレスカスタマーセンターまでお送りください。送料弊社負担にてお取り替えさせていただきます。但し、古書店で購入されたものについてはお取り替えできません。

■読者の窓口
インプレスカスタマーセンター
〒101-0051
東京都千代田区神田神保町一丁目105番地
TEL 03-6837-5016／FAX 03-6837-5023
info@impress.co.jp

■書店／販売店のご注文窓口
株式会社インプレス受注センター
TEL 048-449-8040／FAX 048-449-8041

技術の泉シリーズ

OpenLayers4で遊ぼう
無料の地図データをWebに表示！

2018年4月27日　初版発行Ver.1.0（PDF版）
2019年4月5日　Ver.1.1

著　者　佐藤 奈々子
編集人　山城 敬
発行人　井芹 昌信
発　行　株式会社インプレスR&D
　　　　〒101-0051
　　　　東京都千代田区神田神保町一丁目105番地
　　　　https://nextpublishing.jp/
発　売　株式会社インプレス
　　　　〒101-0051　東京都千代田区神田神保町一丁目105番地

●本書は著作権法上の保護を受けています。本書の一部あるいは全部について株式会社インプレスR&Dから文書による許諾を得ずに、いかなる方法においても無断で複写、複製することは禁じられています。

©2018 Nanako Sato. All rights reserved.
印刷・製本　京葉流通倉庫株式会社
Printed in Japan

ISBN978-4-8443-9823-3

●本書はNextPublishingメソッドによって発行されています。
NextPublishingメソッドは株式会社インプレスR&Dが開発した、電子書籍と印刷書籍を同時発行できるデジタルファースト型の新出版方式です。https://nextpublishing.jp/